ACCESOS VASCULARES PARA HEMODIALISIS: LAS FAVIS

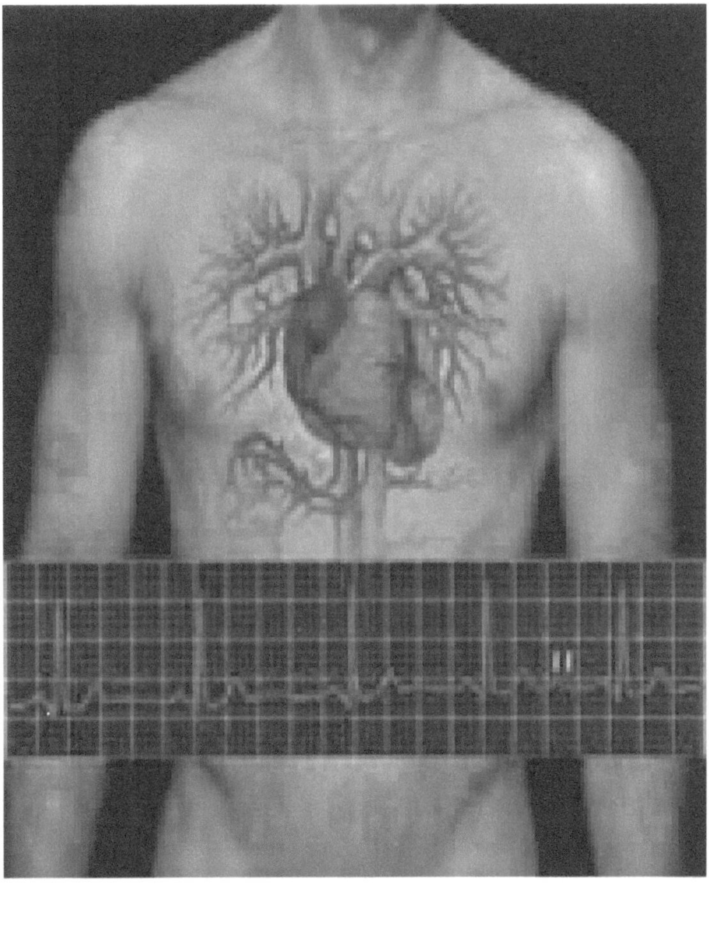

INDICE

A.- Introducción

B.- Abreviaturas

C.- Definiciones

D.- Guías del acceso vascular para hemodiálisis:

1.- Capítulo primero: Procedimientos Previos a la realización del acceso vascular.

1.1.- Historia clínica
1.2.- Cuando realizar el Acceso vascular
1.3.- Evaluación preoperatoria
1.4.- Bibliografía

A.- Introducción

Desde el inicio de la aplicación de las alternativas de tratamiento sustitutivo renal (TSR) a los enfermos con enfermedad renal terminal el número de pacientes tributarios de dicho tratamiento aumenta cada año en progresión lineal, sin que hasta el momento se detecta una estabilización en la incidencia de la mayoría de los Registros de Enfermos Renales. En la actualidad cerca de 45.000 pacientes en nuestro país (una ratio próxima a 1000 pacientes por millón de población) están siendo tratados mediante algún tipo de modalidad de TSR. (1-3).

La necesidad de un Acceso Vascular (AV) para Hemodiálisis (HD), es tan antigua como la propia HD, ya que para conducir una cantidad de sangre a un circuito de lavado, es preciso "acceder" al torrente sanguíneo. Los comienzos de esta técnica, ya fueron difíciles por la falta de un AV adecuado y hasta el diseño de la Fístula Arterio-Venosa interna (FAVI), por Cimino y Brescia (4), no se pudieron desarrollar programas de HD en pacientes crónicos.

Sin embargo, el transcurrir de los años no ha resuelto el problema, siendo frecuente la existencia de dificultades técnicas y administrativas en cualquier intento de conseguir un AV. En 1995, una editorial en Nefrología (5) denunciaba, por primera vez, la falta de normativas, técnicas y administrativas, sobre la práctica de AV para HD. Casi 10 años después seguimos igual. No disponemos de normativas y el AV es uno de los problemas de mayor comorbilidad en los pacientes que reciben HD, siendo la primera causa de ingresos hospitalarios de estos pacientes, así como responsable de un encarecimiento de los costes asociados al tratamiento con HD (6,7). Por todo ello es imprescindible organizar la disponibilidad de AV conforme a criterios de eficacia y eficiencia, haciendo participes a todas las partes implicadas en su desarrollo y manejo, tanto administración como profesionales sanitarios. Es preciso tener en cuenta que las complicaciones originadas por el AV ocasionan el mayor consumo de recursos generados por este colectivo de pacientes, constituyendo la primera causa de ingreso hospitalario en los Servicios de Nefrología.

Entre las diferentes formas de TSR, la HD es la modalidad inicial que se aplica a la mayoría de los pacientes. Según datos publicados recientemente por la Federación de Registros de la Sociedad Española de Nefrología referente a pacientes que comenzaron TSR en 2001, el 89% de pacientes lo hicieron mediante HD, a un 10 % se les aplicaraon diferentes modalidades de DP y el 1 % restante recibió un trasplante renal preventivo (1). Conocida esta situación, sería lógico que la mayoría de pacientes dispusieran de un AV madurado para ser utilizado en el momento de tener que iniciar el TSR. Sin embargo, diferentes estudios realizados en nuestro país, discrepantes con el estudio DOPPS, (8) señalan que una proporción cercana al 50% de enfermos no dispone de un AV permanente y ha de comenzar HD por un catéter venoso central (CVC), lo que influye ineludiblemente en los resultados clínicos y aumenta la morbimortalidad de los pacientes.

El AV ideal debe de reunir, al menos tres requisitos: i) permitir el abordaje seguro y continuado del sistema vascular; ii) proporcionar flujos suficientes para suministrar la dosis de HD programada y iii) carecer de complicaciones. Este AV no existe en la actualidad, si bien la FAVI en sus diferentes modalidades, y en especial la radiocefálica (RC), es el que más se aproxima a estas premisas, dada su elevada supervivencia. De hecho, este último tipo de AV, está considerado prototipo de AV, es decir el objetivo a conseguir en los pacientes que inician HD. Como AV alternativo a la FAVI, el que se emplea con mayor profusión en la población es la prótesis arteriovenosa. El material habitualmente empleado para la implantación de este AV es el politetrafluoroetileno (PTFE). El CVC es la tercera modalidad de AV, aunque su uso sólo debe de ser considerado con carácter temporal o en situaciones muy concretas tales como imposibilidad de creación de un AV permanente, insuficiencia cardiaca congestiva o hipotensión crónica.

La disfunción y/o trombosis del AV ocasionan el mayor consumo de recursos en la población con enfermedad renal crónica (ERC) debido a tres circunstancias: i) elevado empleo de CVC al inicio de la HD, que condicionan las posibilidades de AVs futuros; ii) alto % de fracasos iniciales tras la creación de FAVI, en especial RC y, iii) deficiencias en la detección de las disfunciones de AV prevenibles en la población prevalente.

El grupo de trabajo considera que los estándares actuales son susceptibles de mejora y que optimizando las actuaciones se puede lograr una reducción de complicaciones, mayor longevidad del AV, incremento en la calidad de vida de los pacientes y reducción del coste inducido por esta problemática. Para alcanzar este objetivo ha redactado una serie de guías de actuación sugiriendo la adopción de diferentes medidas. Estas comienzan con la detección precoz de la ERC, el desarrollo de estrategias para crear el AV adecuado en el momento idóneo, atender al cuidado diligente del mismo, identificar precozmente sus disfunciones, tratar conveniente las complicaciones y racionalizar el empleo y seguimiento de los CVC.

Finalmente propone una serie de criterios de calidad y control del seguimiento de las mismas, así como la definición de los recursos que son necesarios para lograr la consecución de estos objetivos.

B.- Abreviaturas

ATP: Angioplastia transluminal percutánea
AV : Acceso vascular
BGN: Bacilos Gram negativos
CI: Cardiopatía isquémica
CVC: Catéter venoso central
CVI-Q: Índice cuantitativo velocidad-color
DM: Diabetes mellitus

DOQI: Dialysis Outcomes Quality Initiative (Guías de la National Kidney Fundation)
DOPPS: Dialysis Outcomes and Practice Patterns Study
DP: Diálisis peritoneal
DU : Dilución ultrasónica
ECN: Estafilococo coagulasa negativo
Eco-Doppler: Ecografía Doppler color
ERC: Enfermedad renal crónica
ERCA: Enfermedad renal crónica avanzada
EESS: Extremidades superiores
FAVI: Fístula arteriovenosa autóloga o nativa
FRA: Fracaso renal agudo
HC: Húmero-cefálica
HD: Hemodiálisis
HTA: Hipertensión arterial
ICC: Insuficiencia Cardiaca Congestiva.
Kt/V: Aclaramiento fraccional de urea
PAIA: Presión arterial intra-acceso.
PIA: Presión intra-acceso.
PV: Presión venosa
PVD: Presión venosa dinámica.
PVIA : Presión venosa intra-acceso.
PTFE: Politetrafluoroetileno
Qa: Flujo acceso vascular.

Qb: Flujo bomba circuito de diálisis
R: Recirculación
RC: Radiocefálica
RM: Resonancia magnética
SARM: Estafilococo aureus resistente a la meticilina
TAC: Tomografía axial computarizada.
TA: Tensión arterial
TAM: Tensión arterial media
TFG: Tasa de filtración glomerular.
TQA: Medición transcutánea del flujo del AV
TSR: Tratamiento sustitutivo renal.
TVP: Trombosis venosa profunda
UFC: Unidades formadoras de colonias.
UK: Urokinasa
URR: Porcentaje de reducción de urea

C.- Definiciones

Aneurisma: Es la dilatación en el territorio de una FAVI autóloga o protésica que mantiene la estructura íntegra de la pared arterial o venosa.

Angioplastia transluminal percutánea con balón: Procedimiento empleado mediante asistencia radiológica vascular consistente en el inflado de un balón intravascular con la finalidad de dilatar y corregir una lesión estenótica.

Cartografía o mapa vascular: Es la definición de la integridad anatómica y funcional arterial y venosa mediante técnicas de imagen, con la finalidad de determinar el lugar adecuado para realizar el AV. Así mismo, tiene valor predictivo para determinar la probabilidad de fracaso de desarrollo del AV.

Cebado o sellado del CVC: Acción de introducir una slución en el CVC al final de la HD con el fin de prevenir su trombosis. Esta solución puede contener heparina en diferentes concentraciones, u otro tipo de componentes a base de citrato o urokinasa.

Crit Line®: Sistema que permite calcular el flujo del AV mediante valoración de las variaciones del hematocrito producidas por cambios en la ultrafiltración. Lleva incorporado un sensor que también permite calcular el flujo del AV por dilución salina (TQA).

Disfunción del AV: Complicación de cualquier tipo (obstructiva, trombótica, etc) que altera el funcionamiento normal del AV.

Enfermedad renal crónica avanzada (ERCA): Insuficiencia renal crónica con tasa de filtrado glomerular igual o inferior a 30 ml/min/1.73 m2 (grado IV y V de la NKFDOQI).

Estenosis hemodinámicamente significativa: se define como aquella cuyo diámetro en la angiografía es mayor del 50% del diámetro normal del vaso a ese nivel, y que se acompaña de las alteraciones clínicas y/o hemodinámicas que se bservan mediante el programa de vigilancia de la función del AV. La estenosis uede localizarse en la arteria, vena, prótesis o en las venas de drenaje hasta su esembocadura en la aurícula derecha.

Éxito anatómico del tratamiento de una estenosis del AV: se define como la esaparición de la estenosis o la persistencia de una estenosis residual menor del 30% después de la intervención. En el caso de la trombosis se define como el restablecimiento del flujo en el AV con una estenosis residual menor del 30%.

Éxito clínico o funcional después del tratamiento de una estenosis del AV: se define como el restablecimiento de los parámetros clínicos y hemodinámicas previamente alterados. En el caso de un AV trombosado se define como la práctica de al menos una diálisis normal después del procedimiento. Un indicador del éxito clínico en el caso de FAVI mediante prótesis de PTFE trombosadas es la presencia tras el procedimiento de *thrill* (no sólo pulso) desde la anastomosis arterial a lo largo de toda la prótesis.

Fístula arteriovenosa terapéutica: Circuito arteriovenoso creado mediante la comunicación entre una arteria y una vena con la finalidad de ser utilizado en HD.

Fístula arteriovenosa autóloga o nativa: Circuito arteriovenoso creado mediante la anastomosis de una arteria y una vena.

Fístula arteriovenosa con interposición de ingerto o prótesis: Creación de un circuito arteriovenoso interno mediante la interposición de un material autólogo (vena safena del paciente) o heterólogo (habitualmente derivados plásticos de politetrafluoroetileno).

Maduración del AV: En FAVI autólogas consiste en un el fenómeno de adaptación mediante remodelado vascular, en el que el diámetro de la vena y el flujo son suficientes para permitir su utilización. En FAVI protésicas, maduración se entiende como el fenómeno de creación de una capa de neoíntima en la pared de la luz y de integración de la prótesis, que la hace apta para su empleo. El periodo de maduración es el intervalo de tiempo que transcurre entre la realización y la maduración del AV.

Permeabilidad primaria del AV: Intervalo de tiempo transcurrido desde el emplazamiento del AV hasta que sufre cualquier tipo de intervención dirigida a mantener o restablecer su permeabilidad. Esto es, la paermeabilidad ininterrumpida desde la creación de un AV.

Permeabilidad secundaria del AV: Intervalo de tiempo transcurrido desde el emplazamiento del AV hasta su abandono definitivo por cualquier causa, incluyendo las manipulaciones o intervenciones, como la trombectomía, realizadas para
restablecer la funcionalidad del acceso trombosado.

Pseudoaneurisma o hematoma pulsatil: Es la dilatación expansible extravascular, provocada por el escape de sangre persistente a través de una pérdida de continuidad de la pared de la FAVI autóloga o prótesis. La pared del falso aneurisma está formada por tejido fibroso reactivo perivascular.

Recirculación del AV: Es la sangre procedente de la vía venosa o de retorno del circuito extracorpóreo (aguja venosa en FAVI u orificio de retorno del catéter), que entra en la vía arterial durante la HD. Se expresa como el porcentaje (%) de la sangre que entra en el circuito que procede de la sangre de retorno.

Soplo: Sonido audible mediante auscultación originado por el flujo turbulento, en este caso entre un sistema sistema de mayor presión, como es el arterial, a otro de menor presión como es el venoso.

Supervivencia del AV: se define como el periodo transcurrido desde su creación hasta el momento que fracasa y no puede ser utilizado de nuevo.

Thrill: Vibración transmitida y perceptible mediante palpación cutánea ocasionada por el flujo turbulento entre arteria y vena.

Transonic®: Procedimiento utilizado para calcular el flujo del AV mediante dilución inducida por la administración de solución salina al 0.9%.

Tratamiento percutáneo: es aquel realizado por punción vascular a través de la piel de una estenosis y se define como el restablecimiento del diámetro endoluminal del vaso en el segmento estrecho con resolución de la anomalía funcional. La estenosis se debe tratar mediante balón de angioplastia, y en determinados casos con una prótesis metálica autoexpandible que mantenga la permeabilidad.

Trombectomía quirúrgica: Extracción quirúrgica del trombo a través de una pequeña incisión parietal del acceso vascular (con frecuencia mediante la utilización de un catéter de Fogarty para embolectomía o trombectomía).

Trombolisis farmacológica: Destrucción del trombo mediante la infusión local de UK o alteplasa.

Trombolisis mecánica o endovascular: Destrucción del trombo utilizando un balón de ATP u otros dispositivos.

Trombolisis farmacomecánica: Combinación de las técnicas de trombolisis farmacológica y trombolisis mecánica.

Vigilancia del AV: Procedimientos rutinarios y protocolizados, basados en la exploración física, datos analíticos y parámetros hemodinámicos, que se emplean para comprobar el funcionamiento correcto del AV y detectar su disfunción. Este término, se define en la literatura anglosajona como monitorización y **supervisión**.

D.- GUIAS DE ACCESO VASCULAR EN HEMODIÁLISIS:

CAPITULO PRIMERO: PROCEDIMIENTOS PREVIOS A LA REALIZACIÓN DEL ACCESO VASCULAR

1.1.- HISTORIA CLÍNICA. RELACIÓN CON EL PACIENTE NORMAS DE ACTUACIÓN

1.1.1.- Todas las unidades de nefrología que generan enfermos para tratamiento substitutivo renal (TSR) deben de disponer de programas educacionales, con participación multidisciplinar. Su finalidad debe ser instruir al paciente y sus familiares sobre los diferentes aspectos relacionados con la enfermedad renal crónica avanzada (ERCA), sus modalidades de tratamiento y la trascendencia de disponer de un acceso vascular (AV) permanente para iniciar la HD.

Evidencia C

1.1.2.- Para seleccionar el tipo de AV apropiado es preciso realizar una historia clínica del paciente, conocer la comorbilidad asociada y poder estimar los factores de riesgo de fracaso relacionados con el desarrollo del AV.
EvidenciaB

1.1.3.- En los pacientes con ERCA se debe de extremar la conservación de la red venosa superficial de las EESS. Ambas han de conservarse libre de punciones y canulaciones para lo cual es preciso la instrucción de equipo de enfermería y la información al paciente.
Evidencia A

1.1.4.- El inicio de HD mediante catéter venoso central (CVC) aumenta la morbilidad y mortalidad de los pacientes. Cualquier CVC emplazado en cintura escapular puede generar estenosis de vasos centrales.
Evidencia B

RAZONAMIENTO

Los Servicios de Nefrología deben de disponer de un programa de atención al paciente portador de ERC con la finalidad de proporcionar a los enfermos y familiares, por una parte, información detallada a cerca de los sistemas integrados de TSR y por otra, una propuesta de TSR en función de sus características clínicas. La modalidad de

TSR debe de ser finalmente acordada según las preferencias de cada paciente(1).

La historia clínica, la búsqueda de enfermedades concomitantes y la valoración del estado cardiovascular, resulta imprescindible para seleccionar el emplazamiento adecuado del AV. Así mismo, la estimación sobre la esperanza de vida del paciente y por lo tanto del tiempo que puede permanecer en HD pueden también ser valorados a la hora de decidir el tipo y localización del AV (1). La DP puede ser una alternativa aplicable en pacientes que no disponen de AV permanente para iniciar TSR. Su utilización preserva la función renal residual y si las circunstancias lo requieren se puede proseguir la depuración mediante HD una vez que el AV se ha desarrollado. Una publicación reciente muestra que los pacientes que iniciaron TSR y fueron transferidos con posterioridad a HD mostraron mayor supervivencia que los que iniciaron mediante HD (2).

En los pacientes con ERC es preciso adoptar las medidas necesarias para la preservación de la red venosa, con vistas a la realización de un AV (Tabla 1) (3). Las recomendaciones para la preservación de la red venosa se aplicarán en todo paciente con ERC subsidiario de TSR, independientemente de la modalidad inicialmente seleccionada (4)

Historia clínica. Antecedentes

Numerosas circunstancias asociadas pueden alterar el desarrollo adecuado de una Acceso Vascular por lo que se hace necesario un conocimiento previo de todos los factores que puedan incidir en ello. Las factores mas incidentes en dicho desarrollo están representadas por (5):

Antecedentes de colocación de CVC que pueden provocar estenosis; antecedentes de colocación de marcapasos, que actuarían en similares condiciones; existencia de insuficiencia cardiaca congestiva (ICC) que puede empeorar por la práctica del AV; enfermedad valvular cardiaca o prótesis valvular, que podrían recibir agresión infecciosa especialmente procedentes de catéteres; tratamiento con anticoagulantes que dificultarían las punciones de la FAVI; traumatismos previos en brazos, cuello o tórax que podrían alterar la anatomía natural; diabetes que facilitaría enfermedad vascular asociada; arteriopatía periférica, etc.

Diversos factores de morbilidad están asociados a los pacientes que inician diálisis. En España, el estudio DOPSS (6) indica que al inicio de la diálisis, la cardiopatía isquémica (CI) está presente en el 34%, la ICC en un 25%, la enfermedad cerebro vascular en un 14%, la diabetes mellitus (DM) en un 19%, y la edad media de inicio de diálisis es de 62 años. En EEUU (7) la enfermedad cardiovascular al inicio de diálisis es de 40%, siendo en la población general de un 5-12 %. En Holanda (8) la tendencia a presentar un factor de riesgo, al comienzo de la diálisis, es de 50%, dos factores 36.8% y tres factores 13.2%. En Francia (9) la enfermedad vascular renal está presente en un 22.5%, la nefropatía diabética un 20.6%, y el incremento de la entrada en diálisis es de un 3.8%.

Factores predictivos relacionados con la maduración de la FAVI

Algunos estudios muestran que diversos factores de riesgo, presentes en los pacientes con ERCA, pueden influir en la maduración del AV. Uno de los mas precisos

(10) muestra que los principales factores que influyen en el desarrollo de la FAVI tienen relación con: i) el sexo femenino (OR:1.35) ; ii) la edad avanzada (OR: 0.20 – 0.70); iii) la presencia de DM (OR:0.67); iv) la claudicación intermitente (OR:1.06); v) la hipertensión arterial (HTA) (OR:0.37); vi) la enfermedad cardiovascular (OR:1.83); vii) la existencia de un AV previo (OR:1.51); viii) presión arterial sistólica menor de 85 mmHg (OR:0.51); ix) índice de masa corporal entre 24-28 (OR. 1.17); x) presencia de CVC (OR : 2.21); xi) tiempo de permanencia de CVC superior a 15 días (OR :2.11) ; xii) hemoglobina inferior a 8 g/dl (OR: 2.46); y xiii) remisión al especialista inferior a tres meses (OR: 1.55) Existen controversias sobre la eficacia de los ejercicios en el desarrollo de la red vascular. Los partidarios de estas maniobras aconsejan la realización de isométricos en antebrazo, y la compresión intermitente del retorno venoso. Ambos han de realizarse de forma continuada 3 ó 4 veces al día (2).

1.2 CUANDO REALIZAR EL AV. NORMAS DE ACTUACIÓN

1.2.1.- En los pacientes con ERC progresiva se ha de considerar la creación de la FAVI cuando la tasa de filtración glomerular (TFG) sea inferior a 20 ml/min. En cualquier caso la FAVI ha de estar realizada con una antelación previa al inicio de la HD entre 4-6 meses
Evidencia D

1.2..2.- Si el tipo de AV seleccionado es una prótesis, se aconseja su implantación con 4-6 semanas de antelación al inicio de la HD.
Evidencia D

1.2.3 Antes de la realización del AV se proporcionará la debida información al paciente y se obtendrá la firma de un modelo reconocido de consentimiento informado
Evidencia D

1.2.4.- La demora en la construcción del AV superior a cuatro semanas por el equipo quirúrgico representa un riesgo demostrado de iniciar la HD mediante CVC.
Evidencia B

1.2.5.- El AV debe de ser realizado con carácter preferente en los pacientes con ERC de rápida evolución, en los que presentan un fracaso de desarrollo y en los portadores de CVC sin AV permanente.
Evidencia D

1.2.6. – La creación de forma sistemática de un AV en pacientes tratados mediante DP o portadores de un injerto renal no está indicada
Evidencia C

RAZONAMIENTO

Los problemas relacionados con el AV representan una de las principales causas de morbilidad, hospitalización y coste en los enfermos tratados con HD (11). El AV preferido es la FAVI, pero para lograr su desarrollo adecuado se precisan dos requisitos: i) la integridad anatómica y funcional de ambos vasos (arteria y vena) y un periodo de maduración de al menos 6 semanas durante el cual se produce la remodelación de vascular que permitirá la canulación satisfactoria de los mismos (12).

La frecuente ausencia de estas dos condiciones es una de las causas por la que muchos de los pacientes no disponen de un AV que haya madurado durante la fase final de la ERC, teniendo que recurrir a la implantación de un CVC para iniciar la HD, lo que a su vez incrementa la morbilidad de los pacientes.

Tal cómo se ha señalado previamente, la aplicación de programas de atención y seguimiento de la ERCA puede optimizar la consecución de AV autólogos. Uno de los aspectos fundamentales reside en la creación del AV con la debida antelación.

Tanto las guías DOQI (Guía Nº 8), como las Canadienses (guía 3.2.1) y los algoritmos clínicos de la Vascular Access Society (1,5,13) insisten en este apartado recomendando la remisión del paciente al cirujano, cuando la tasa de filtración glomerular (TFG) es inferior a 25 ml/min. Se recomienda el uso de este parámetro validado en función de la edad, sexo y superficie corporal ya que resulta difícil de predecir con exactitud el momento en el que el paciente va a requerir el inicio del TSR (13). La situación ideal vendría definida por la creación de la FAVI con una antelación media de seis mases antes de su canulación. El criterio, en lo que se refiere al tiempo, no ha de ser el mismo en el caso de que se implante una prótesis puesto que los injertos requieren menor tiempo de maduración y tienen una tasa de permeabilidad primaria inferior a la de las FAVI (6).

Otro de los aspectos esenciales para lograr el mayor rendimiento de las FAVI es el relacionado con la intervención quirúrgica. Esta, ha de ser realizada de modo preferente por cirujanos experimentados (vasculares) (14), quienes a su vez han de procurar no acumular demoras. Pisoni, en el estudio DOPPS, ha calculado que el riesgo relativo de iniciar HD por un CVC se incrementa cuando las unidades de cirugía tardan más de dos semanas en construir el AV. Este periodo de tiempo parece excesivamente corto y la opinión consensuada del grupo es la de tratar de conseguir tiempos de demora quirúrgica en torno a un mes desde la remisión del paciente.

No obstante, el momento de creación del AV puede variar en función de determinados condicionamientos. Existen tres circunstancias en las que se ha de considerar la implantación preferente del AV, ya que representan una situación de cierta emergencia, si se compara con el resto de los pacientes. En este apartado se han de incluir: i) los casos en los que la ERC evoluciona de forma más rápida de lo habitual con una estimación de inicio de HD inferior a seis semanas; ii) cuando los enfermos hayan iniciado la HD con un CVC y no dispongan de AV permanente, ya que es aconsejable disminuir el tiempo de permanencia de la CVC con la finalidad de disminuir las complicaciones y iii) en los casos en los que la implantación del AV se acompañe de fracaso técnico o de desarrollo y se tenga que recurrir a la creación
de un nuevo AV.

Finalmente hay que reseñar que el AV no se ha de implantar a todos los pacientes en TSR, sino tan sólo en los que van a ser tratados con HD. Se ha de evitar la creación de AV en pacientes que van a recibir un trasplante renal preventivo o vayan a ser tratados con diálisis peritoneal. Más del 90% de estos enfermos no lo van a precisar de forma inmediata (1) y además presentan frecuentemente oclusiones de AV (16).

1.3. EVALUACIÓN PREOPERATORIA NORMAS DE ACTUACIÓN

1.3.1 - Todo paciente ha de ser evaluado por un equipo quirúrgico experto en la implantación de accesos vasculares en base a la historia clínica del paciente y la comorbilidad asociada. La exploración física minuciosa facilita la selección del AV y disminuye la probabilidad de complicaciones.
Evidencia B

1.3.2. - En los pacientes con enfermedad arterial, obesidad u otras causas que dificulten la palpación venosa, se indicará un estudio de imagen.
Evidencia B

1.3. 3. - Ha de realizarse un estudio de imagen en niños menores de 15 kg de peso, historia de marcapasos o catéteres centrales previos.
Evidencia B

RAZONAMIENTO

Un factor importante a tener en cuenta para elegir la localización óptima del AV a realizar, es la influencia que tendrá sobre accesos subsiguientes. El cirujano ha de planificar una estrategia a largo plazo considerando las posibles alternativas sucesivas a utilizar. En la actualidad se consideran como líneas guía admitidas por la mayoría de los grupos, en cuanto a la localización del acceso (17,18)
- Lo más distal en la extremidad como sea posible
- Empleo de la extremidad no dominante
- Creación de un AV autólogo con preferencia al protésico
- Las condiciones individuales pueden modificar o aconsejar otra línea distinta.

En la evaluación del paciente será necesario realizar (Tabla 2): 1) Una cuidadosa historia clínica en la que se identifiquen los factores de riesgo de fracaso inicial y falta de maduración de la FAVI anteriormente señalados. 2) Una exploración física que valore la existencia de limitaciones articulares, déficits motores o sensitivos, grosor de la piel y grasa subcutánea, edema de la extremidad, existencia de circulación colateral en brazo u hombro, así como de cicatrices, trayectos venosos indurados,... Debe incluir la palpación de pulsos señalando la existencia y calidad de los mismos, incluyendo la maniobra o test de Allen; la toma de presiones arteriales en ambas extremidades superiores y la exploración del sistema venoso mediante la palpación venosa con y sin torniquete.

En ocasiones será necesario completar la evaluación preoperatoria con estudios de imagen como eco-Doppler, flebografía, arteriografía o RM.

Evaluación del emplazamiento idóneo del AV mediante técnicas de imagen

Diversos autores admiten que unos pulsos simétricos con tensiones iguales en ambas extremidades indican la existencia de una arteria suficiente; y una vena se acepta como adecuada si es visible a través de la piel con o sin torniquete (19). En la actualidad se tiende a realizar con mucha mayor frecuencia la determinación por eco-Doppler del diámetro intraluminal tanto de arteria como de vena que permite la mejor ubicación y selección del AV, mostrando un incremento significativo de la utilización de AV autólogos(20). Se considera que con venas inferiores a 3 mm y arterias menores de 1,5-2 mm existen escasas posibilidades de conseguir un acceso maduro (21,22). Otros autores han señalado umbrales de diámetro venoso de 2,6mm para obtener un AV adecuado (20). La eco-Doppler es también útil en pacientes con problemas venosos en los que la exploración física puede ser difícil: obesos, diabéticos, con historia de AV previo y mujeres mayores. Hasta un 66 % de los pacientes explorados con eco-Doppler, en los que no se ha realizado cirugía previa, tienen anomalías vasculares (23,24) La eco-Doppler tiene la ventaja que se puede utilizar en pacientes con ERCA en los que se quiere evitar los medios de contraste yodado, sin embargo, tiene la limitación que es operador dependiente y no es capaz de estudiar bien los vasos venosos centrales. La cartografía venosa mediante eco-Doppler puede cambiar el procedimiento quirúrgico planeado en el 31% de los
pacientes, en el 15% de los pacientes puede cambiar cirugía de prótesis por cirugía de FAV, la realización de

FAVI puede aumentar de 32% a 58%, y el fracaso en la exploración quirúrgica puede disminuir del 11 % al 0% (25).

La implantación previa de CVC suponen un riesgo elevado de trombosis venosa. Las venas periféricas canuladas o una vena central que ha sido portadora de CVC pueden presentar trombosis en el 23% de las ocasiones (26). En extremidades que han recibido múltiples cateterizaciones venosas la cifra de trombosis puede alcanzar el 38% (26), de los que la vena cefálica es la afectada en más de la mitad de los casos (26). En pacientes con historia previa o presencia de CVC en vena subclavia hay una prevalencia de estenosis moderada o severa del 40% de las ocasiones (27). Por ello, en todos los pacientes con historia previa CVC, o de implantación de marcapasos endocavitarios (28) es precisa una evaluación del mapa venoso mediante una prueba de imagen antes de realizar un AV permanente.

Los pacientes con síndrome de desfiladero cervico costoclavicular pueden permanecer asintomáticos hasta que se les realiza un AV en el brazo ipsilateral (29,30). En pacientes en HD con AV y edema del brazo hay que incluir el síndrome de estrecho torácico en el diagnóstico diferencial, especialmente si no hay historia de catéter subclavio previo (31). La cirugía previa en cuello y tórax puede ser causa de obliteración o estenosis de venas centrales, y los AV múltiples previos pueden limitar la realización de nuevos (32,33).

La flebografía se considera el método de referencia cuando se desea evaluar el mapa venoso de la extremidad superior (34,35) (Tabla 3). Esta debe visualizar todas las venas superficiales y profundas, desde la vena basílica hasta la vena cava superior.

La flebografía con CO2 está indicada en casos de insuficiencia renal severa, o alergia al medio de contraste yodado (36). Si bien es más difícil el llenado de las venas superficiales, puede combinarse con la flebografía selectiva para reducir el volumen del medio de contraste yodado.

A pesar de no estar aprobado su uso con esta indicación, se ha difundido en la literatura el uso de medios de contraste basados en gadolinio para exámenes radiográficos. Se han utilizado en pacientes con insuficiencia renal importante, reacciones adversas a los medios de contraste yodados en estudios previos o cuando hay programado en breve un tratamiento de tiroides con yodo radioactivo.

Algunos autores han contribuido a difundir la idea de que los quelatos de gadolinio son significativamente menos nefrotóxicos que los contrastes yodados (37,38). Sin embargo, el uso para exámenes radiográficos de medios de contraste basados en gadolinio no se recomienda para evitar nefrotoxicidad en pacientes con insuficiencia renal porque son mas nefrotóxicos que los medios de contraste yodados en dosis equivalentes de atenuación de los rayos-X (39, 40-45), y el uso de estos medios de contraste en las dosis aprobadas para uso endovenoso (hasta 0.3 mmol/kg de peso corporal) no da información radiográfica en la mayoría de los casos (46).

Actualmente pueden hacerse estudios flebográficos con RM de las extremidades superiores, con antenas de superficie, sin utilizar medios de contraste, con la técnica 2D-*time-of-flight* (TOF). Sin embargo quedan fuera del estudio la vena basílica y el cayado superior de la cefálica (47,48). Es todavía necesario aplicar los recientes avances en técnicas flebográficas con medio de contraste en RM para mejorar el tiempo de adquisición, la cobertura anatómica y la resolución espacial.

La arteriografía estará indicada en casos excepcionales cuando se encuentre, en la exploración física, disminución del pulso u otros hallazgos que hagan sospechar anomalías en la vascularización arterial de la extremidad en que se desea realizar el AV.

Tabla 1. Recomendaciones para la preservación de la red venosa.

Advertencia al paciente sobre su importancia.
Proveerle de un carnet o recomendarle la colocación de un brazalete o pulsera.
Recomendar punciones en dorso de la mano.
Empleo de técnicas de laboratorio de bajo consumo plasmático (capilar, seca).
Difusión de este problema a todos los profesionales.
Evitar la implantación de CVC en cintura escapular, sobre todo en vena subclavia.
Se recomienda el uso de catéteres femorales en pacientes con reagudizaciones en el curso de la ERC evolutiva
Estimulación del desarrollo muscular/vascular mediante ejercicios isométricos o prácticas de dilatación venosa
Atender al mismo cuidado de la red venosa en pacientes en DP o portadores de un trasplante renal.
En estos últimos es preciso concienciar a pacientes y profesionales de la importancia en i) el rescate de FAVI RC que se trombosan y ii) la reparación antes que el cierre, de FAVI de codo en ausencia de ICC.

Tabla 2. Evaluación del paciente antes de la implantación del AV.

Valoración	Implicación
Historia clínica	*Comorbilidad*
Edad. Sexo	Riesgo fracaso AV distal
Presencia DM	Calcificación vasos distales
Obesidad	Acceso red venosa
Historia vascular	Indicador macroangiopatía
Enfermedad cardiaca	Asociada a fracaso AV inicial
Insuficiencia Cardiaca	Condiciona utilización CC
Cirugía torácica. Marcapasos	
CC previos	Estenosis / trombosis vasos centrales
Enfermedades malignas	
Esperanza vida acortada	Empleo CC larga duración
Trastornos hemostasia	Tratamiento especifico previo
Edema brazo	Repermeabilización vasos centrales
Selección brazo no dominante	Influencia en calidad de vida
Fracasos AV anteriores	Planificación esmerada AV
Examen físico	*Comprende ambas EESS*
Inspección local	Cicatrices. Infecciones. Edema.
Circulación colateral. Tejido subcutáneo.	Punciones venosas.
Palpación	Examen red venosa con torniquete
	Presencia pulsos arteriales
	Test Allen
Medición TA ambas EESS	Detecta estenosis arteriales
Auscultación arterias	Detección estenosis

Tabla 3. Indicaciones de flebografía preoperatorio.

Edema de brazo
Presencia de circulación venosa colateral
Obesidad con ausencia de visualización de venas periféricas
Historia de catéteres venosos centrales o colocación de marcapasos.
Antecedentes de cirugía o traumatismo en cuello tórax o brazo
Práctica de deportes que favorezcan el síndrome del estrecho torácico
Fracaso en la creación del primer o múltiples AV previos
Necesidad de definir con detalle un segmento venoso .

1.4-Bibliografía.

1 www.vascularaccesssociety.com
2 Van Biesen W, Vanholder RC, Veys N, Dhont A, Lamiere NH. An evaluation of integrate care approach for ESRD patients. J Am Soc Nephrol. 2000; 11: 116-125
3 Malovrh M. Approach to patients with ESRD who need an arteriovenous fistula. Nephrol Dial Transplant 2003; 18, (Suppl 5): v50-v52
4 Bonucchi D, Cappelli G, Albertazzi A. Wich is the preferred vascular access in diabetic patients ?. A view from Europe. Nephrol Dial Transplant 2002; 17:20-22
5 NFK-K/DOQI Clinical Practice Guidelines. Updated 2000. Am J Kidney Dis 2001; 37: S137-S181
6 Pisoni R, Young E, Dykstra D, Greenwood R, Hecking E, Gillespie B, Wolfe R, Goodkin D, Held P. Vascular access use in Europe and United States: Results from the DOPS. Kidney Int 2002; 61: 305-316
7 Levey A and Eknoyan G. Cardiovascular disease in chronic renal disease. Nephrol Dial Transplant 1999; 14; 828-833
8 Termorshuizen F, Korevaar J, Dekker F, Jager J, Van Manen J, Boeschoten W, Krediet R. Nephrol Dial Transplant 2003; 18: 552-558
9 Jungers P, Choukroun G, Robino C, Tauoin P, Labruine M, Man NK, Landias P. Epidemiologie of end-stage kidney failure in the Ile-de-France: a prospective cooperative study in 1988. Nephrologie. 2000; 21:217-218
10 Feldman H.I, Joffe M, Rosas S, Burns J.E.,Knauss J, Brayman K. Predictors of Successful Arteriovenous Fistula Maturation. Am J Kidney Dis. 2003; 42:1000-1012
11 Feldman HL,Kobrin S, Wasserstein A. Hemodialysis vascular access morbidity. J Am Soc Nephrol 1996; 7: 523-535
12 Konner K, Nonast-Daniel B, Rith E. The arteriovenous fistula. J Am Soc Nephrol 2003; 14: 1669-1680
13 Jindal K, Ethier JH, Lindsay R, Barre PE, Kappel JE, Carlisle EJF, Common A. Clinical practice guidelines for vascular access. J Am Soc Nephrol 1999; 10:S287-S321
14 Hakim R, Himmelfarb J. Hemodialysis access failure: A call to action. Kidney Int 1998; 54: 1029-1040
15 Besarab A, Adams M, Amatucci S, Bowe D, Deane J, Tello A. Unraveling the realities of vascular access. Adv Ren Replace Ther 2000; 7: S65-S70
16 Beckingham IJ, O'Roueke JS, Bishop MC, Blamey RW. Are backup arteriovenous fistula necessary for patients on continuous ambulatory peritoneal dialysis ?. Lancet 1993; 341: 1384-1386
17 Ascher E, Hingorani A. The dialysis outcome and quality initiative (DOQI) recommendations. Seminars Vasc Surg 2004; 17: 3-9
18 Makrell PJ, Cull DL, Carsten III ChG. Hemodialysis access: Placement and management of complications. En Hallet JV, Mills JL, Earnshaw JJ; Reekers JA. Eds: Comprehensive Vascular and Endovascular Surgery. Mosby-Elsevier Id St Louis .Miss 2004: 361-390
19 Gelabert HA, Freischlag JA. Hemodialysis access. En Rutherford RB Ed. Vascular Surgery (5th Ed) Wb Saunders Co. Philadelphia 2000:1466-1477
20 Malorvrh M. Native arteriovenous fistula: Preoperative evaluation. Am J Kidney Dis 2002; 36:452-459
21 Silva MB, Hobson RW, Lindsay RM. A strategy for increasing use of autogenous hemodialysis access: Impact of preoperative non-invasive evaluation. J Vasc Surg. 1998; 27: 302-307

22 Huber TS, Ozaki CK, Flynn TC. Prospective validation of an algorithm to maximize native arteriovenous fistulae for chronic hemodialysis access. J Vasc Surg 2002; 36: 452-459
23 Comeaux ME, Bryant PS, Harkrider WW. Preoperative evaluation of the renal access patient with color Doppler imaging. J Vasc Technol 1993; 17:247-250
24 Silva MB Jr, Hobson RW 2nd, Pappas PJ, Jamil Z, Araki CT, Goldberg MC, Gwertzman G, Padberg FT Jr.. A strategy for increasing use of autogenous hemodialysis access procedures: impact of preoperative non-invasive evaluation. J Vasc Surg 1998; 27:307-308
25 Obbin ML, Gallichio MH, Deierhoi MH, Young CJ, Weber TM, and Allon M. US Vascular Mapping before Hemodialysis Access Placement. Radiology 2000; 217:83-88
26 Allen A, Megargell J, Brown D, Lynch F, Singh H, Singh Y, Waybill P. Venous Thrombosis Associated with the Placement of Peripherally Inserted Central Catheters. J Vasc Interv Radiol 2000; 11:1309-1314
27 Surratt RS, Picus D, Hicks ME, Darcy MD, Kleinhoffer M, Jendrisak M. The importance of preoperative evaluation of the subclavian vein in dialysis access planning. AJR 1991; 156:623-625
28 Korzets A, Chagnac A, Ori Y, Katz M, Zevin D: Subclavian vein stenosis, permanent cardiac pacemakers and the haemodialysed patient. Nephron 1991; 58:103-105
29 Basile C, Giordano R, Montanaro A, Lomonte C and Chiarulli G. Bilateral venous thoracic outlet syndrome in a haemodialysis patient with long-standing body building activities. Nephrol Dial Transplant. 2001; 16: 639-640
30 Williams ME. Venous thoracic outlet syndrome simulating subclavian stenosis in a hemodialysis patient. Am J Nephrol 1998; 18:562–564
31 Okadomek K, Komori K, Fukamitsu T, Sugimachi K. The potential risk for subclavian vein occlusion in patients on hemodialysis. Eur J Vasc Surg 1992; 6:602–606
32 Harland RC: Placement of permanent vascular access devices: Surgical considerations. Adv Ren Replace Ther 1994; 1:99-106
33 Marsx AB, Landerman J, Hrder FH. Vascular access for hemodialysis . Curr Probl Surg. 1990; 27: 115-48
34 Baarsiag H, van Beek E, Tijssen J, van Deden O, Bukker Ad, Reekers J. Deep vein trombosis of the upper extremity: intra- and interobserver study of digital subtraction venography. Eur Radiol 2003; 13:251-255
35 NKF-K/DOQI Clinical Practice Guidelines for Vascular Access: update 2000. Am J Kidney Dis 2001; 37 (Suppl. 1):S137-S181
36 Sullivan KL, Bonn J, Shapiro MJ et al. Venography with carbon dioxide as a contrast agent. Cardiovasc Intervent Radiol 1995; 18:141-145
37 Prince MR, Arnoldus C, Frisoli JK. Nephrotoxicity of high-dose gadolinium compared with iodinated contrast. J Magn Reson Imaging 1996; 1:162-166
38 Geoffroy O, Tassart M, Le Blanche AF, Khalil A, Duedal V, Rossert J, Bigot JM, Boudghene FP. Upper extremity digital subtraction venography with gadoterate meglumine before fistula creation for hemodialysis. Kidney Int 2001; 59:1491-1497
39 Raynaud AC: Venography before angioaccess creation, in Gray RJ, Sands JJ,Woods CB (eds): Dialysis access, a multidisciplinary approach. Lippincott Williams & Wilkins Publishers, 2002: 67-73
40 Albrecht T, Dawson P. Gadolinium-DTPA as X-ray contrast medium in clinical studies. Br J Radiol 2000; 73:878-882

41 Kaufmann JA, Geller SC, Bazari H, Waltman AC. Gadolinium-based contrast agents as an alternative at vena cavography in patients with renal insufficiency: early experiences. Radiology 1999; 212:280-284

42 Gemery J, Idelson B, Reid S, et al. Acute renal failure after arteriography with a gadolinium-based contrast agent. AJR 1998; 171:1277-1278

43 Hammer FD, Gofette PP, Maliase J, Mathurin P. Gadolinium dimeglumine: an alternative contrast agent for digital subtraction angiography. Eur Radiol 1999;9:128-136

44 Spinosa DJ, Angle JF, Hagspiel, Kern JA, Hartwell GD, Matsumoto AH. Lower extremity arteriography with use of iodinated contrast material or gadodiamide to supplement CO_2 angiography in patients with renal insufficiency. J Vasc Interv Radiol 2000;11:35-43

45 Gemmete JJ, Forauer AR, Kazanjian S, Dasika N, Williams DM, Cho K. Safety of large volume gadolinium angiography. (abstr) J Vasc Interv Radiol
2001; 12[part 2]: S28

46 Thomsen HS. Guidelines for Contrast Media from the European Society of Urogenital Radiology. AJR 2003; 181:1463-1471

47 Menegazzo D, Laissy JP, Dürrbach A, et al. Hemodialysis access fistula creation: preoperative assessment with MR venography and comparison with conventional venography. Radiology 1998; 209:723-728

48 Laissy JP, Fernandez P, Karina-Cohen P. Upper limb vein anatomy before hemodialysis fistula creation: cross-sectional anatomy using MR venography. Eur Radiol 2003; 13: 256-261

www.ingramcontent.com/pod-product-compliance
Lightning Source LLC
Chambersburg PA
CBHW021855170526
45157CB00006B/2463